小腦袋思考大世界

為何我們要守規則？

南希‧迪克曼　著
安德烈‧蘭達扎巴爾　繪

新雅文化事業有限公司
www.sunya.com.hk

推薦序

多發問，多思考，開啟智慧和知識寶庫

　　從幼年時開始，我們就認識到日子由白天和黑夜組成，春天去了秋天會來。為什麼會有這些現象？原來大自然有其規律，而人的意志絕不能影響自然運作，無論我們多麼期待今天去郊外旅行，都不能改變天氣突然變壞而出不了門。

　　但如果人不能控制自然規律，那誰可以？為什麼會有自然規律？又到底為什麼會有自然世界呢？再追問下來，我們就不只知道太陽會升起又落下、冬天來了天氣轉冷的常識，還會逐步深入了解自然科學的知識，甚至可能掀起一場「哥白尼革命」。

　　自古以來人們相信地球是平的，因為在日常經驗中，我們感覺是生活在靜止的平地上，天上的太陽和星星都是圍繞我們而轉，直至五百年前，波蘭天文學家哥白尼經過長年的觀察，論證其實是地球和其他行星圍繞太陽運行，才推翻地球是宇宙中心的說法，徹底改變了人們的世界觀。

哲學史上亦出現過一次重要的「哥白尼革命」，那是二百多年前，由德國哲學家康德提出。康德指出我們認識的世界，只是透過我們人類的角度來了解，但世界的真正面貌是怎樣子，我們其實不知道。一頭河馬對世界的認知，就絕對和人類不同，儘管我們都是生存在地球上的生物。康德的主張所以重要，是因為當我們了解到自己的觀點原來有局限，就能用更開放的態度，來了解他人以至別的文化。

哲學被譽為「學科之母」，是因為哲學研究的問題，幾乎涵蓋所有領域，但更重要的是，要了解任何事物，都需要敏銳的思辨能力，為問題提出合理說明，而思考哲學問題，最能訓練理性能力。

《小腦袋思考大世界》叢書，引導孩子思考「為什麼要遵守規則？」、「如果大家有意見，如何化解分歧？」、「為什麼要制定法律？」等等。這些哲學問題其實相當日常，在人生的不同階段中會反覆碰到和思考，塑造出我們的人生觀和世界觀。**從小培養孩子對本書中問題的探討興趣，不僅可訓練理性思考能力，還同時養成面對問題的開放態度，打造一把理性鑰匙，開啟智慧和知識的寶庫。**

曾昭瑜
資深兒童哲學教育工作者
香港大學文學及文化研究碩士
倫敦大學哲學學士

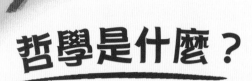

哲學是什麼？

　　哲學的英文是Philosophy，意思是**對智慧的熱情，猶如對愛情一樣**。哲學就是通過不斷地提出問題，從而更了解這個世界。哲學家也喜歡了解人類的本質，例如：思考我們為什麼會做出某些行為。這正正就是你閱讀這本書的期間，一直在做的事情！

　　從古至今，一直有許多哲學家在提出問題和反思事情。他們不一定能找到清晰的答案，但也會繼續不斷地思考。因此，當你思考問題時，即使衍生出許多新問題也無不妥，這只會令你的思路變得更清晰！

　　其實，你也可以成為一名哲學家。只要你對自己、對身邊的事物保持好奇，經常思考一些令人費解的問題，並與朋友討論，你就是哲學家了。例如，你們可以討論某條規則是否公平，從中可發現大家的看法是否一致，你還可以從朋友的觀點中有所得着。

目錄

如果世界上沒有規則會怎樣？

「不准做這個，不准做那個！記得睡前刷牙！」
我們常常埋怨生活中充滿規則，如果世界上再沒有規
則，我們想做什麼便做什麼，這該有多好？

6

現在讓我們幻想一個完全沒有規則的世界吧！小朋友可以隨意開車和駕駛飛機，人們無須付款便能拿走商店裏任何東西。沒有人會制止他們，也沒有人會受到懲罰。

　　一個沒有規則的世界看似很有趣，但其實規則的存在是有原因的。有些規則是為了保障人們的生活安全，也有些規則是為了讓人們獲得公平的對待。

規則由誰制定？

好吧，我們承認社會確實需要一些規則，否則一切將會變得雜亂無章！但是應該由誰來制定規則呢？

老師會在課室裏定下規則，讓學生可以專心地上課、有秩序地發言、有效地分工打掃。

家有家規！

父母也會在家裏制定一些規則。

政府也會制定法律，這是另一種形式的規則，用以維持社會秩序。例如，法律可規定道路的車速限制，來保障司機和行人的安全。

我也可以立法嗎？

一般來說，在不同的地方會有不同的負責人專門制定規則。在學校或家裏的某些情況下，你可以提出自己的意見，參與訂立規則。不過，大部分人沒法參與制定法律，但成年人可以成為選民，投票給心目中最適合的人選，讓他們去立法。

投票箱

選票

我們為什麼要遵守規則？

只有當所有人都願意遵守規則的時候，規則才能有效運作。但為什麼人們有時候還是會違反規則？

如果有人要求你玩耍之前必須打掃房間，你會不會乖乖地跟從？你或許不想守這規則，畢竟打掃房間太無聊了，出去玩耍更有趣！

那麼，如果有規則要求你必須把褲子穿在頭上，你也會乖乖照做嗎？你可能也不想遵守這條規則，因為這樣看起來太笨了，而且即使不遵守也不會影響其他人。

把褲子穿在頭上這條規則實在很笨，但世界上仍然有許多合理的規則是值得遵守的。不過，當你看到有人違反合理的規則時，你也會跟着一起違反嗎？

怎樣訂立公平的規則？

制定規則的人需要考慮得非常全面，例如規則會對人們有什麼影響？規則是否對所有人都公平？

假設有一條規則規定：只有右撇子可以吃雪糕。如果你剛好是右撇子，那麼你可以安心地享受雪糕的滋味；但如果你是左撇子呢？那麼這條規則就對你不公平了。

我們可以更改規則嗎？

有時候某些規則只對某部分人有利，但對另一部分人不利。在這情況下，你可能不願意遵守，但你可以改變這些規則嗎？有些人會寫信，或者遊行請願，嘗試反映他們對不公平社會規範或法例的意見。

你認為生活中有不公平的規則嗎？如果有，你會怎麼做呢？

萬一我們意見不合，怎麼辦？

查理和雅納是好朋友。他們碰巧都想用零用錢買同一套魔術套裝，但是玩具店現在只剩下最後一套了。你覺得魔術套裝應該屬於誰？

他們兩個在貨架前吵得面紅耳赤，甚至沒有發現魔術套裝已經被仙娜拿去結帳了。

結果，查理和雅納都失去了魔術套裝，因為兩人都不懂得妥協、不願意讓步。他們其實可以分攤費用，然後共享這魔術套裝。如此一來，即使他們無法獨佔，兩人依然可以玩到這玩具。

你有跟同學妥協的經驗嗎？

的一聲溜走了

我們所有人都能共同合作嗎？

　　無論大大小小的問題，我們都需要作一定程度的妥協才能把它解決。

　　學校即將舉行運動日，艾米拉的班級需要決定加插什麼運動項目，但是同學們的想法太過天馬行空了！傑克想玩「湯匙托雞蛋」競賽；芙羅雅渴望賽駱駝；奧莉薇希望舉行撐竿跳；阿里甚至建議高空跳傘！而老師的目標只一個，就是大家平平安安，不會受傷或不要破壞任何東西。

全班同學必須互相遷就和妥協，才能順利舉行運動日。其實不僅是我們，有時候連國家也需要作出妥協！聯合國就是由不同的國家組成的，它成立的目的是為了停止戰爭，確保所有成員國可以得到公平對待。有些成員國不是每次都能取得利益，但他們會一起合作，攜手並肩解決問題。

人們生而平等嗎？

　　某些法律可以有效地確保人人平等。在大多數的地方，所有人都享有相同的權利。例如他們都有權上學，生病的時候有權看醫生，有權受到警察保護等等。

但世界上並沒有規則規定所有人必須一模一樣。要是如此，世界會變得相當無趣！我們可以穿不同的衣服，擁有不同的工作和喜好，但我們依然是平等的。

　　人與人之間還有其他不同之處。例如有些人非常富有，而另一些人很貧窮。這種差異或許讓人感到不太公平，但這並沒有違法。你覺得我們需要立法令財富平等嗎？

所有人都應該成為有錢人嗎？

許多人都想成為有錢人，但世上只有一小部分人很富有。他們可能是因為：

• 從家裏繼承了財產。

• 成功創業而致富。

• 擅長踢足球、演戲
  或者音樂。

頂級足球明星的收入很豐厚，但只有極少人有這天賦才能。醫生的工資也很高，但他們在行醫之前，必須接受經年累月的訓練。

　　消防員冒着生命危險拯救人命；護士需要照顧傷患病人。他們的工作都十分重要，但這些工作未必會讓他們成為富翁。你覺得這樣公平嗎？

　　我們應該如何決定哪些職業有資格獲取較高收入？還是所有職業的工資都應該相同？

我可以想講什麼就講什麼嗎？

在日常生活中，我們無法想要什麼就有什麼，但是我們可以暢所欲言！許多國家都有法律保障人們的言論自由，令市民不會因為發表了言論而遭受懲罰。

但即使你可以暢所欲言，這代表你可以口沒遮攔嗎？你的確可以對朋友說他跳舞時像一頭大笨象，雖然這並不違反法律，但會讓你的朋友很傷心。

言論自由需要有限制嗎？

儘管人們有言論自由，但有些事情是不可以亂說的。例如，你不可以散播謠言來中傷別人；你不可以鼓吹他人犯法；企業不可以在廣告中宣傳虛假信息。假如有公司欺騙消費者，聲稱他們調製的意大利粉醬汁可以讓人飛上天空，他們將要承擔嚴重的後果！

我必須幫助他人嗎？

你可以在能力範圍內，盡力幫助他人，讓社區變得更好。例如：

- 清理垃圾

- 向慈善機構捐錢或舊玩具

- 植樹

- 扶長者過馬路

你可以選擇去幫助別人，這並不是強迫性的。不過許多人仍然願意盡自己的一分力貢獻社區，因為他們知道當自己有需要的時候，社區也會幫助他們。

誰會幫助我？

在你身邊有許多人會幫助你，例如救護員，因為這是他的工作之一。除此之外，還有社區中心的運動教練、活動義工等。他們不一定會獲得報酬，但他們熱愛幫助別人，並會為他人的幸福而感到快樂。試回憶曾經幫助過你的人，你能說出多少個？

動物也有權利嗎？

如果由貓狗自己來制定規則，你猜牠們會為自己爭取什麼福利呢？無限量的零食？一天散步五次？只有貓咪有權曬太陽？這樣看來，或許動物無法制定規則，對人類也是一件好事！

人類也會制定法律來保護寵物和野生動物的權益，但我們另一方面仍然會食用動物，或將牠們鎖在動物園裏供人觀賞。

　　動物並沒有和人類同等的權利，不然這個世界會變得截然不同：

- 所有人必須吃素。
- 禁止經營動物園。
- 參與工作的動物必須得到報酬。
- 禁止寵物店販賣動物。

你認為動物應當享有哪些權利呢？

規則可以保護地球嗎？

地球真是好極了！它提供一切人類賴以生存的東西，它是我們唯一的家！所以為了報答地球，我們也應當盡自己所能來保護它……你同意吧？

其實方法很簡單。我們可以把廢物循環再造、植樹、多步行或騎單車、多乘公共交通工具。雖然一個人的力量很有限，但是假如所有人都盡自己的一分力保護地球，世界就會變得不一樣！

制定法律也可以確保人們不破壞環境。例如可以有法例禁止市民使用塑膠袋或者塑膠吸管；也可以有法例將某些土地設定為自然保護區，禁止他人隨意開發。

你能想到其他可以保護地球的法律嗎？

規則一定會讓生活變得更好嗎？

　　在沒有規則的世界裏，人們可以隨心所欲，想做什麼便做什麼，哪怕這些事情有多危險、有多不公平。再也沒有人制止你騎着單車衝下樓梯，也沒有人阻止別人偷取你的玩具。

　　但人們真的會無惡不作嗎？就算再沒有規則的約束，人們也會堅持做正確的事情嗎？你會嗎？

充滿規則的世界同樣可以很糟糕。如果有些規則並不合理，
它們會剝奪人們的權利，反讓人們遭受不公平的對待。
因此，人們正要努力改變這些不合理的規則。

　　你有什麼想法呢？你覺得規則是好東西還是
壞東西？

小腦袋思考大世界

為何我們要守規則？

作　　者：南希‧迪克曼（Nancy Dickmann）
繪　　圖：安德烈‧蘭達扎巴爾（Andrés Landazábal）
翻　　譯：吳定禧
責任編輯：黃楚雨
美術設計：劉麗萍
出　　版：新雅文化事業有限公司
　　　　　香港英皇道499號北角工業大廈18樓
　　　　　電話：(852) 2138 7998
　　　　　傳真：(852) 2597 4003
　　　　　網址：http://www.sunya.com.hk
　　　　　電郵：marketing@sunya.com.hk
發　　行：香港聯合書刊物流有限公司
　　　　　香港荃灣德士古道220-248號荃灣工業中心16樓
　　　　　電話：(852) 2150 2100
　　　　　傳真：(852) 2407 3062
　　　　　電郵：info@suplogistics.com.hk
印　　刷：中華商務彩色印刷有限公司
　　　　　香港新界大埔汀麗路36號
版　　次：二〇二一年十一月初版

版權所有‧不准翻印

ISBN: 978-962-08-7880-0
Original Title: *Why Do We Need Rules?*
First published in Great Britain in 2021 by Wayland
Copyright © Hodder and Stoughton, 2021
All rights reserved.

Traditional Chinese Edition © 2021 Sun Ya Publications (HK) Ltd.
18/F, North Point Industrial Building, 499 King's Road, Hong Kong
Published in Hong Kong, China
Printed in China